100 Easy Sudoku Puzzles

Large Print

Volume 1

Copyright © 2020 Brainiac Happiness

All Rights Reserved.

Puzzle #1
easy

			9	2				
9				3		6	2	1
		8	6	7	1	9		
2	3			1	7	4		
		5	4			3		2
	1			5				9
		2					9	3
	5	7			2		6	
6			1	4	5	2	7	8

Puzzle #2
easy

6		7	2		4		8	
4	1		6	5		2		9
2						6	3	4
		9		7	1			6
	5					1		3
1	3	6					2	
	7			9		3	6	
	4		5		3			
			1	8			4	

Puzzle #3
easy

						7		2
	4	2	7		3		5	8
7		9	2	6	5			4
	3						4	
5				4		9	8	1
2		4	1	7	8		6	
								6
		8		2	6			
	7		9			5	2	3

Puzzle #4
easy

			1	2	5	3		
9					6	3	5		
	1		8	7		6		
								4
		7			8		2	
		2	9	3			8	6
6	8				7			3
5		9			6	2	7	
2	7		5	4				9

Puzzle #5
easy

			8	9	3			
					2			
	9		6			4	7	8
	5	8					3	6
						2	1	4
		1	9	3			8	
	1			6	9		5	3
3	8	6			1	7		
	4	9	3	7	8	1	6	2

Puzzle #6
easy

		8	9					5
5	7	4				9		
		2			7	1	3	4
	4			2	8	5		6
		5	4			8	1	7
		1		9			4	
8			6		4	7		
	3	6		7	9	2		
						4		9

Puzzle #7
easy

	4		5			3	7	
				7	1	9		
9			8		4	6	5	1
2	8		3				9	6
			1				2	3
7						5	1	
8			7	5		1	4	
5	1			9	2			
		9	6	1	8			

Puzzle #8
easy

		9	8			3	4	7
2	8	5			3			
		4		1			8	
		1		9	8		6	3
4	3		6	5	7		2	9
9			4					
	9	3		7				2
8	1			6		7		
						9	1	

Puzzle #9
easy

				1	2		4	
						8		
		4	8	7	3	1	5	9
	3				1		7	
		6	3	8				1
	5			6	9			
5	4	8				2	9	7
2	6	3	5		7	4		
	9	1	4	2			6	3

Puzzle #10
easy

3		1	2		8			6
		7		1	5		2	3
					7		4	8
	1	2	5			6		
	5		1					
	4	9		6	3		5	
9	3					8	6	
	2			9			1	4
			4	8			9	5

Puzzle #11
easy

	8	5		6				4
	1				9	6	5	
		6		3	4			1
6	4		1	5	3		8	
9			2				3	
			9					2
8				7		9	1	
1	3		4	9			6	
5					8	4	7	

Puzzle #12
easy

	6	5	1		9		8	7
9		7	3		5			
	1		8	7	6			2
	4		7		2	6	1	5
	3			1	4			8
	2			6			7	3
						2		
3	5							9
1		2		9				4

Puzzle #13
easy

			1		7			
	7						5	1
1		2		5	3	8		7
			3		1			
				7	5		4	2
5	9	3			4		7	8
2	1				9	6	8	
4			5		6			
		7		2	8			9

Puzzle #14
easy

	4			6	8	3	7	
					1		6	8
	2				3		4	
	6			1	2			
4	9			7			3	2
			4		9	7		6
7	1						9	
9		2		8		6		
6			1		4	5	2	7

Puzzle #15
easy

5		1		2	9	7		
	2	3		6		1		
			1	8	4			5
7				9	3			
	9		4		6			
	4	6	2				9	
2	3		6		7	9		
9	1	7		3		4	6	
8								1

Puzzle #16
easy

	5	4	3		9		7	
			2	7	5			
				6	4			
5	9	1		3	6	2	8	
6		8			1	3		
				8		6		5
			4	9				
7		3	1					9
	8	2	6	5	7		3	

Puzzle #17
easy

	6				1		7	
	3				2			
					4		8	
	1	7					2	8
		5	2	9				
6		9	8				3	5
	3		1				4	2
	8	4	3				9	7
7	9	2	5	4	8	3		1

Puzzle #18
easy

	1		9	6	8	5	7	
			1	7			8	
8				5	2		1	
	4		6				5	3
	5			8		4		
1			5		9	7		8
3				9		6		7
	2				6			
		9	7			8	2	1

Puzzle #19
easy

9	7	5		4	6		3	
4	2		9		3	1		6
	3			2				
	8	3	4	9				
		6			5	3	9	
	9			6		2		
8		2	5			7		
3	5					4		8
1			2		9		5	

Puzzle #20
easy

3				4	9		8	
			1			4	6	
	4							5
2		3						
8						1	5	
5		1	9			3	7	2
4			5	2		7	9	1
9	5	7			1			6
		6				5		4

Puzzle #21
easy

	5			6	2		8	4
8				1	4		7	
7				3		6	1	2
9		8	4	2	3		6	5
6			8			4		9
5		1					9	
2	9				1	7	5	
				5	9		4	

Puzzle #22
easy

1		9			8		6	2
3		6	2		1	5		8
		7	3	6		1	9	
			8		9	6	2	
			6	4				
		3					1	9
	9	8		5				
			7	8	2		4	
	1	2					8	5

Puzzle #23
easy

2								
	3	9					8	
				9	2		1	6
	6						5	9
5			9	7	6		2	1
	2	7		4	5			3
	1	8		5	4		9	
7			2		3	6		8
6			7		9	1		

Puzzle #24
easy

	2	5		1	9	4		
8	7			2		5	9	
1	9			4				
	6							
7	3					9	2	5
4			9		8		6	
9	4	3					5	
6		1		9	5	7	3	
			3		6			

Puzzle #25
easy

	2	9	7				1	5
1			9	3	8	6		
	6		5		2			
2	7	1						6
		3		4	1	7		
4				8			3	1
9			8					7
7	4			9		2		3
	1					8	5	

Puzzle #26
easy

9	6	7		5	3			1
	8			1		9		
		4		9				5
3		5			7	4		9
		9			5	3		8
	7				4	2		
7				8	6		9	
		6		7		5		
1	3	8	5				6	

Puzzle #27
easy

	5			7	4			
4			1	8		3	2	
	7		9			1	4	5
	8	4					5	
			3			6		
5			6	4	9		1	
8			5		2		9	
1	6	9		3		5		
7						4	3	1

Puzzle #28
easy

9							8	3
	7				3	2		4
1	2							9
4					6	7		
	5	2		1	8			6
6		7		5		1		8
	1	4	5					7
8		9		7		4	2	
7	6		4	3			9	

Puzzle #29
easy

	2		5		9			
7	5		3			8		4
		8					1	
8			4		1		3	
	4	7	8				5	1
				9				8
1	7		6		8	4	9	2
			9	4			8	
9		4	1	3	2	7		5

Puzzle #30
easy

2		3					9	5
				1	6	7	2	
7		5	9				1	
			6		5	9		
6		4	2		1		3	
1	5	8	4	3	9			
		2	7					
	7			5		4	6	
	8				2		5	7

Puzzle #31
easy

				9		7	5	
5			6	7	3	8		
7			5		1	2		3
9		7	1				6	
	5				6	1	3	
1	4	6		3			2	
	8		3	2				1
	9			1				
	7			6		3	9	4

Puzzle #32
easy

3	1	6	4			8		
			6		5	4	1	
		7						2
				7				8
	8		9	4	6	5		3
2			8			9		6
8	7		3		4			9
	4	3		6				1
				8	2	7		

Puzzle #33
easy

	2	1	4	9	7	6		3
9			1	5		8	7	2
		6						
5			6			2	4	
			5	8			3	
	4						1	
	9		7	6	5			
	8	5			1	9	6	
1		7	8	3				

Puzzle #34
easy

				8			2	3
8	3	6					1	9
7	2		1		3		5	
	8	2		9				
4				7	8			
3	9			1				2
	4	3		5			6	
	6	8		3	1	4		5
1			4		6	9		

Puzzle #35
easy

	7			3		9		4
		3		7		8		
5			9	2		7		1
				5	3		8	
4					7	5	1	
	5						2	
2		7		4	1		9	
6	1	4		9	5			8
	3		7		2			

Puzzle #36
easy

6	5			1	2		9	3
		4	8	3		2		7
			5		4	8		
2	6		4	7	1		8	
	7	1	9	5				4
3	4	9						
		7			9		6	5
			1	4				
	1		3		7		4	

Puzzle #37
easy

8	2	1		4		3	6	
				8		9	7	2
9				6	3	8		
4	1			7			2	
				5	4	1		
					6			4
5	7	9	8			4		
	3	4		9		2	8	
		6	4					3

Puzzle #38
easy

3	6	4	7					
2	7		8	4	1			9
1				2	6	5	4	
8			1		2			
6		1	4	9				
				8	5	4		
5				6	4		3	
4	3						2	5
	8	2	5				9	

Puzzle #39
easy

2	1		3		9			
	3				7	4		1
5			8	1		9	2	3
	7	1		8			3	2
	5		6	3		7		4
		6	7				8	
			1	7				
		9		2			6	
7		3				5		

Puzzle #40
easy

	7			4	8			
4		8			1		6	
		2	7		9			
			1	7	5			8
			2	6		5	1	7
5	1	7	8		4			2
				2		4		
6						3	2	
9	2		3		6	1		

Puzzle #41
easy

	1			9				5
	5			1	6	2	8	9
7	6	9	2				3	4
				2			4	
		8			7			1
		4	9			7	6	8
2			5		8		9	6
3			1				5	
				3	9			

Puzzle #42
easy

7			3		5			
	3						4	
	6	2	9			1		3
3			8			6	7	
			4		3	9		
9	4	8			2	3		
		1	7		8	4		
4		3		6	1	5	9	7
				3	4	2		

Puzzle #43
easy

7	4	6	5					
	8		3			7		
1	2			8	6		5	
					1			5
5	6		2		7	9	1	
4		9	6	5		3		2
		4						
8	5				4	2	3	
		2		7		1		

Puzzle #44
easy

9			4	7	1	3		
3							6	1
		1				8	7	
	3		6	2		5		9
	7				8		1	
	9						8	
7				4		1		
	5	4		1		7		6
8	1		7	6	5	4	9	2

Puzzle #45
easy

			6	1	4		3	
	1	3	7		8			6
6	4		9					
1							2	9
5		4		9	1		7	
3		9						5
2		7	5	3	9		8	
	9	5			2	3		
			8		6		9	2

Puzzle #46
easy

		6			7		8	5
		5	3				7	
	8	2	6	5	4	9		
3	5	7	2		1			
8		4	5		9			
		9		8		3	5	4
		3	9		2			
	9			7	3	2		
6	2			1				

Puzzle #47
easy

5	1		9	3			8	
			4	8	6		3	1
		3	2	5		6		
				2			5	
1	4					3	9	7
6			7					
	7	5	6					
2	3	4	8		9	7	6	5
	6					4	2	

Puzzle #48

easy

1				7	9	3		
	2		4			5	1	
		4		2		6		
	7		3					1
				6		9	2	5
5	6		9	4		8		
2			8		6			4
4		6		9	5	7	3	
3		8					5	

Puzzle #49
easy

3		6			1	4	5	2
7			9	4	3	6		
8						3	7	
		5	3			9		
6	2	3		9				1
	7		6		8			
				2		8	6	
				6		1	9	3
9	6		8					7

Puzzle #50
easy

5		7		2	1	6		
	6	1	3			9	7	5
	3			5				8
	7	2		9			6	
			6		4			
				8	2		9	
4						3		9
7	5		4		9	2	8	6
		9		3				7

Puzzle #51
easy

			1	8	2	7	9	
7	9	4	5	6	3	8		
1				9			5	
8			9	4		1		
9	3							7
2	4	5		1			6	8
	2							
		7			6	4		
	5		8			2	7	6

Puzzle #52
easy

	6	1					8	4	
					6				
	4		7	8	1		6	9	
	3	9		5	4			1	
	7		1	6	2			5	
		5	9		3	4		6	
		6				2			
	8			1	5		7	3	
3	2	7		9	8	1	5		

Puzzle #53
easy

	5			1	9		2	
		3			5			8
1	8			4	7	9		
	4			3	8	2		9
	7		4				8	1
6	2	8	7	9		4	5	3
		5		8			4	
8	6		1		3			2
							3	

Puzzle #54
easy

5		8				9		1
3	1	2	7				8	
9		6	3		1	2	5	7
	2			9	8			
	6	3				5		
			6	2				
2			8	1			4	
		7			5			6
6		1	9		4			

Puzzle #55
easy

			9	7				6
9			8	2	3	7	1	5
				6		3	2	
3		4			1	2		8
8		2	4	3		6		1
1	7	9	6	8				3
		7			8	9		
6				9				4
						8	5	

Puzzle #56
easy

4	3			6			1	
		2	5				7	4
5			8	2		9	6	
3	1		6				2	
	8			4	5		9	
7			1					6
6	9	3			1	5		
			9	5		7		
1		7	2					9

Puzzle #57
easy

		4		7		1	9	8
		6		9			4	
			8	3	4	6		5
3		1					6	
		5	9				2	
9					8		5	
		3			9	7		2
	5			8	7			6
7	4	8	6	2		5		

Puzzle #58
easy

1	7						5	
	8	5		1	4	9	6	3
		3	2		8	4	7	1
3	1				7			
8					1		3	4
			8		9			2
	9	2	6		3			5
	4		1	7				
	3		9			8		

Puzzle #59
easy

	3	7	6	2	1			
4	8	1			5			
5			7	4		1		9
3		4	1	8	6	7		5
	9		2			8	1	
		6			7			
	4				3		7	
		9					5	4
1			4	7				2

Puzzle #60
easy

7			1		5			
3	4	5	7				6	
9	1		8					
6	2				9	8	4	
4	7	1				2		
			4	2				
	5	7			8	4		
	3			5	6	9		
8				4			1	2

Puzzle #61
easy

8	1							
		6	7	1			9	
9	5		2					7
	9		5	8	4	2		
5						7	4	9
			6		9		3	8
4		5		9		1		
6			4			3		2
3	7		8		2	9		

Puzzle #62
easy

				6	7			
	6		5	2		1	7	9
	3	9	4	8	1		2	
		7				4		
6			7	9				1
	4	5	8	1				3
3			6		2			
8	7						4	
5	2	1	3	4				

Puzzle #63
easy

9				6		8	3	
4	2				5			
8	3		9	7	1			
	8			9			4	3
3	7			5				
2		9	8				1	7
	5	3		2		6	8	
					9			2
7			6	1		3		

Puzzle #64
easy

		3	8				2	5
		9		5	6			3
		8	7	1			9	
	6	4		7	2			1
3		2		4	1			
7	5							9
8	3	5		2				7
4		6		8			3	
2			4		5	9		

Puzzle #65
easy

		2		1	6			9
7	9			2		1		
	8		5			4		
	2				1			3
5	6				8	9		
8				4			1	
9	1		3	7	4	2		
6		3			2		9	5
2			6				4	1

Puzzle #66
easy

	5				9		3	2
			8	5		4		
7						6		9
1		2			7		9	4
	9		4		2		6	3
						1	2	
8			9	2	5		1	
2	3					9		
		7	6		4	2	8	5

Puzzle #67
easy

				5	3			
9		6		1				
	7	3		6			9	2
		7			1			5
	2	1		8	5		6	
5		4		2	9	7	8	
		2			8			
4		5	1	9			2	
6			5		2	4		8

Puzzle #68
easy

		7	5		1			
		4			8		2	9
			4		3		8	
			2					
		2		8			5	6
			7	3	4		1	
2			9	5			7	3
8		9	3	1		5		2
5	7		8			6	9	1

Puzzle #69
easy

4					1			
9			5			6	3	1
	6		2		8		4	7
	1		3	8	5			
		3	7		4	8		6
7			6	1			5	4
		5			9	4		
1	4			2				9
3	7	9				1		

Puzzle #70
easy

4				3	8	6		
		9			7		3	1
	8		2			7		4
8	2				4	1	6	3
	3				1			7
9			3	5				8
7			6			3	1	2
5		2	4	8			7	6
				2				

Puzzle #71
easy

		9	4	1		5		7
			8	6	7			
8	4					6		1
9			6				5	2
7	8				1		4	3
2	5		7	3				8
5								
		3			6			4
		8		9			7	5

Puzzle #72
easy

	9	6	3		8			
	8							
	3	4		2			6	9
9				7			3	6
1				9			5	8
	2		6				7	4
		2		8	1	6		
8	7				6	5	4	
		3	5			7	8	

Puzzle #73
easy

		6					1	
5			1				6	4
	4		2	7		9		
9			4		1	3		
	6		8				4	
	1	7	6			5	8	2
			3	6	2	4		
	5		7	1		8		3
3	2				4			

Puzzle #74
easy

			6		7	2	9	
	7		3	4				5
2		4		1		8		
	2			6	5	4		
	8		4	2			5	3
	5	1		9				6
6	1		9	3	4	5		
							1	
	9	2		7				

Puzzle #75
easy

		7	3			6	8	
3		4	8					2
	8	6	1		4	7	3	
7		1		3	9		5	
	9					3		6
	4				2			1
2			9			5	6	7
			7				2	
	7	5		6		8		9

Puzzle #76
easy

	3			6	9	1	8	
		9	2					4
1	5			7		9	2	6
5			1				3	
	6		8			2	1	9
9		2			6	4	5	8
4				2	7	8		
						1	5	
	2			4				

Puzzle #77
easy

	5					4		8
6		4				7		
		2	6	4	3			
2	8			9				
3		7		2	4	6	8	
			1			2		5
	2		3	5		8	1	4
7	4	1	9	8			5	
						9		

Puzzle #78
easy

				3	6		1	
7				1				6
		6					5	3
	9	5	4		2			
		7	6		1		4	
6			5	9	3	8	7	
1							2	8
	8	4		2	7	6	9	
	7	2				1		

Puzzle #79
easy

	4		3			1	6	
5				7	1			4
7		1			6	8	5	
4	9		1	8			2	6
			4		9	3		8
	8	6			7	4	1	9
	3							5
2								
	1			9	4	6		

Puzzle #80
easy

6		1		7				9
			4	6	3			
3	7			9			2	
		3			5	7		
1	6		3		7	9	8	2
7	4	9	6					5
4	1	2				8		
						2		7
8			2				1	3

Puzzle #81
easy

			4		2	7		5
6	2	4					8	1	3
	5	3	1		6	9		
	9	5	2	4	8			6
		6		1				
	7	1		5	9			8
			5				4	
					7	2		1
1	3	2						7

Puzzle #82
easy

	7	8	4				6	
		6			3	5		
		9	5			7		8
2			3	4		9		6
9	6	4	1	8	5			
8	3			2	9		1	
7	9			3				
	8	2						
			9	5		6	7	

Puzzle #83
easy

	3		9		6			
			2		3		7	5
	8		7					
	4			5			3	2
	9		3	7		5	8	6
5	7	3				4		1
	6		5	3				
3	5					2		9
	2	8		9			5	

Puzzle #84
easy

4			2		3	1	7	
9	8	3	6	1	7			2
				9			3	
2	3					4		
	1		8	6				
6			5		2	7		
	2		3		8			
			1				6	7
3		1		4	6			5

Puzzle #85
easy

8	2			9	1		4	
			8	7				6
7					6	9		3
1				8				
6	8		2		5	7		1
		7			3	2	6	
9					2			5
			1		9	8	7	
	1	3	7				9	4

Puzzle #86
easy

					2	9		
3				7	1	5		
	4			6		1		
8		1			4			
9			1	5		4	2	8
4			2	3				
6	3		5	2	9			4
2		4	7					9
	1		4			2	7	

Puzzle #87
easy

1	2				4			
	7	9			6			2
		5				8	1	7
5	8	1	9	3			2	4
6		4	5					
	9			6				
7		8	6	2	9		3	1
	1	2			8			6
3					5	2		

Puzzle #88
easy

3				8		4	2	
7			9			5		3
5	6	2				9	7	8
		4			3	6		
	3	5	6		4			
9		6						4
			1		2		6	
	9	7			8		3	
	8		5			7		2

Puzzle #89
easy

		3	6	5			4	
			9					8
5		1					9	
	1	5	3	2	4	6	7	
		9	8	7				
7		2						
		8			3	2	6	
	4	6		1	8			
2			5	4	6		1	

Puzzle #90
easy

		8		1	2	4	6	7
4					3			1
5		6		4				
			3	7		2		
3	5	4			1	7	9	8
2							3	
	6	2				8	5	
7		5			6		1	3
	9			4	5			

Puzzle #91
easy

					4			6
5	7		6	3		9	2	
9			8					4
				8			6	
4				6	9		3	2
	2	8	7				9	
		9	5		8	6		
		1	4	9	7			3
8				1	6	2	7	

Puzzle #92
easy

				8	7	9		6
8			5			7	3	4
3		1	4					
	2	8	4				5	7
4		3						
7			8					
6			7	5	8			1
				9			7	8
	8	7	1		4	6		2

Puzzle #93
easy

8		5		4	1		9	
2	1				8	5	6	
9	7	4		2	5			
		9		7			3	5
6						2	1	9
5				8	2			
7			2					
	5				4	9		7
		2			7	3		8

Puzzle #94
easy

5		3	7	8			2	
		2			9	8		3
	8					6		
	7	6			8			9
3	4		6			2		
			2		3			4
	3	4		6	5		1	2
			4	3	2		8	
8						3		6

Puzzle #95
easy

		3	5					
8		7		3		4		
	4		7	6			1	3
			6		2			
		6	8	9			7	2
	2		3	5		6	4	9
5		1		2		3	8	4
6		2	4			1		
3				8			6	

Puzzle #96
easy

		4		5				
	3					1		
6				2		5	3	9
4	6	7						2
	9		2				8	
		2		7		6	1	5
8	1		9	4			5	3
2	5	3	6	1			4	
7	4				8		6	

Puzzle #97
easy

5	7	4		6	2			9
		8	7			6	5	2
2	6	1						3
	8	9					7	
	2			4	9			1
	1				7	9	2	8
						3		4
	9	3					8	
		7	2				6	

Puzzle #98
easy

6	7	5		1		2	4	
	8	4						
		3		8	2		5	7
4	3				8		2	
9							8	
		7		5		9		1
		9	2	3	1		7	
7	1		8	4		3		
	4	8	9		6			

Puzzle #99
easy

			1	7		5		
8		2				7		4
			2	5	4		8	
	2		9	6		3		
	9	4	3			1		6
					7	8		
	3		8		6	9	7	
4		1		9		2	6	
6	7			1			3	8

Puzzle #100
easy

						6	2	8
3	8			9		4	7	5
5		6						
	3	8		1	5	2		
	2		6		8	9		7
			7			3	8	1
	6		5	2				9
4		1				5	3	2
		9	3			8	1	

Puzzle #1

5	6	1	9	2	4	8	3	7
9	7	4	5	3	8	6	2	1
3	2	8	6	7	1	9	4	5
2	3	9	8	1	7	4	5	6
7	8	5	4	6	9	3	1	2
4	1	6	2	5	3	7	8	9
1	4	2	7	8	6	5	9	3
8	5	7	3	9	2	1	6	4
6	9	3	1	4	5	2	7	8

Puzzle #2

6	9	7	2	3	4	5	8	1
4	1	3	6	5	8	2	7	9
2	8	5	7	1	9	6	3	4
8	2	9	3	7	1	4	5	6
7	5	4	8	2	6	1	9	3
1	3	6	9	4	5	8	2	7
5	7	1	4	9	2	3	6	8
9	4	8	5	6	3	7	1	2
3	6	2	1	8	7	9	4	5

Puzzle #3

6	5	3	8	1	4	7	9	2
1	4	2	7	9	3	6	5	8
7	8	9	2	6	5	1	3	4
8	3	1	6	5	9	2	4	7
5	6	7	3	4	2	9	8	1
2	9	4	1	7	8	3	6	5
9	2	5	4	3	7	8	1	6
3	1	8	5	2	6	4	7	9
4	7	6	9	8	1	5	2	3

Puzzle #4

7	6	4	1	2	5	3	9	8
9	2	8	4	6	3	5	1	7
3	1	5	8	7	9	6	4	2
8	9	6	7	5	2	1	3	4
4	3	7	6	1	8	9	2	5
1	5	2	9	3	4	7	8	6
6	8	1	2	9	7	4	5	3
5	4	9	3	8	6	2	7	1
2	7	3	5	4	1	8	6	9

Puzzle #5

1	7	4	8	9	3	6	2	5
8	6	5	7	4	2	3	9	1
2	9	3	6	1	5	4	7	8
4	5	8	1	2	7	9	3	6
9	3	7	5	8	6	2	1	4
6	2	1	9	3	4	5	8	7
7	1	2	4	6	9	8	5	3
3	8	6	2	5	1	7	4	9
5	4	9	3	7	8	1	6	2

Puzzle #6

3	1	8	9	4	2	6	7	5
5	7	4	3	6	1	9	2	8
9	6	2	8	5	7	1	3	4
7	4	3	1	2	8	5	9	6
2	9	5	4	3	6	8	1	7
6	8	1	7	9	5	3	4	2
8	2	9	6	1	4	7	5	3
4	3	6	5	7	9	2	8	1
1	5	7	2	8	3	4	6	9

Puzzle #7

1	4	8	5	6	9	3	7	2
3	5	6	2	7	1	9	8	4
9	2	7	8	3	4	6	5	1
2	8	1	3	4	5	7	9	6
6	9	5	1	8	7	4	2	3
7	3	4	9	2	6	5	1	8
8	6	2	7	5	3	1	4	9
5	1	3	4	9	2	8	6	7
4	7	9	6	1	8	2	3	5

Puzzle #8

1	6	9	8	2	5	3	4	7
2	8	5	7	4	3	6	9	1
3	7	4	9	1	6	2	8	5
7	5	1	2	9	8	4	6	3
4	3	8	6	5	7	1	2	9
9	2	6	4	3	1	5	7	8
6	9	3	1	7	4	8	5	2
8	1	2	5	6	9	7	3	4
5	4	7	3	8	2	9	1	6

Puzzle #9

3	8	5	9	1	2	7	4	6
9	1	7	6	5	4	8	3	2
6	2	4	8	7	3	1	5	9
8	3	9	2	4	1	6	7	5
4	7	6	3	8	5	9	2	1
1	5	2	7	6	9	3	8	4
5	4	8	1	3	6	2	9	7
2	6	3	5	9	7	4	1	8
7	9	1	4	2	8	5	6	3

Puzzle #10

3	9	1	2	4	8	5	7	6
4	8	7	6	1	5	9	2	3
2	6	5	9	3	7	1	4	8
8	1	2	5	7	4	6	3	9
6	5	3	1	2	9	4	8	7
7	4	9	8	6	3	2	5	1
9	3	4	7	5	1	8	6	2
5	2	8	3	9	6	7	1	4
1	7	6	4	8	2	3	9	5

Puzzle #11

2	8	5	7	6	1	3	9	4
4	1	3	8	2	9	6	5	7
7	9	6	5	3	4	8	2	1
6	4	2	1	5	3	7	8	9
9	5	8	2	4	7	1	3	6
3	7	1	9	8	6	5	4	2
8	6	4	3	7	2	9	1	5
1	3	7	4	9	5	2	6	8
5	2	9	6	1	8	4	7	3

Puzzle #12

2	6	5	1	4	9	3	8	7
9	8	7	3	2	5	1	4	6
4	1	3	8	7	6	5	9	2
8	4	9	7	3	2	6	1	5
7	3	6	5	1	4	9	2	8
5	2	1	9	6	8	4	7	3
6	9	8	4	5	7	2	3	1
3	5	4	2	8	1	7	6	9
1	7	2	6	9	3	8	5	4

Puzzle #13

9	5	8	1	4	7	2	3	6
3	7	6	8	9	2	4	5	1
1	4	2	6	5	3	8	9	7
7	2	4	3	8	1	9	6	5
8	6	1	9	7	5	3	4	2
5	9	3	2	6	4	1	7	8
2	1	5	7	3	9	6	8	4
4	8	9	5	1	6	7	2	3
6	3	7	4	2	8	5	1	9

Puzzle #14

1	4	9	2	6	8	3	7	5
5	7	3	9	4	1	2	6	8
8	2	6	7	5	3	9	4	1
3	6	7	5	1	2	4	8	9
4	9	5	8	7	6	1	3	2
2	8	1	4	3	9	7	5	6
7	1	4	6	2	5	8	9	3
9	5	2	3	8	7	6	1	4
6	3	8	1	9	4	5	2	7

Puzzle #15

5	8	1	3	2	9	7	4	6
4	2	3	7	6	5	1	8	9
6	7	9	1	8	4	2	3	5
7	5	2	8	9	3	6	1	4
1	9	8	4	7	6	5	2	3
3	4	6	2	5	1	8	9	7
2	3	4	6	1	7	9	5	8
9	1	7	5	3	8	4	6	2
8	6	5	9	4	2	3	7	1

Puzzle #16

2	5	4	3	1	9	8	7	6
8	1	6	2	7	5	9	4	3
3	7	9	8	6	4	1	5	2
5	9	1	7	3	6	2	8	4
6	2	8	5	4	1	3	9	7
4	3	7	9	8	2	6	1	5
1	6	5	4	9	3	7	2	8
7	4	3	1	2	8	5	6	9
9	8	2	6	5	7	4	3	1

Puzzle #17

4	6	8	9	5	1	2	7	3
9	7	3	6	8	2	1	5	4
2	5	1	7	3	4	6	8	9
3	1	7	4	6	5	9	2	8
8	4	5	2	9	3	7	1	6
6	2	9	8	1	7	4	3	5
5	3	6	1	7	9	8	4	2
1	8	4	3	2	6	5	9	7
7	9	2	5	4	8	3	6	1

Puzzle #18

2	1	3	9	6	8	5	7	4
4	9	5	1	7	3	2	8	6
8	7	6	4	5	2	3	1	9
9	4	8	6	2	7	1	5	3
6	5	7	3	8	1	4	9	2
1	3	2	5	4	9	7	6	8
3	8	1	2	9	5	6	4	7
7	2	4	8	1	6	9	3	5
5	6	9	7	3	4	8	2	1

Puzzle #19

9	7	5	1	4	6	8	3	2
4	2	8	9	5	3	1	7	6
6	3	1	7	2	8	9	4	5
7	8	3	4	9	2	5	6	1
2	1	6	8	7	5	3	9	4
5	9	4	3	6	1	2	8	7
8	6	2	5	3	4	7	1	9
3	5	9	6	1	7	4	2	8
1	4	7	2	8	9	6	5	3

Puzzle #20

3	1	5	6	4	9	2	8	7
7	8	9	1	5	2	4	6	3
6	4	2	3	7	8	9	1	5
2	9	3	7	1	5	6	4	8
8	7	4	2	6	3	1	5	9
5	6	1	9	8	4	3	7	2
4	3	8	5	2	6	7	9	1
9	5	7	4	3	1	8	2	6
1	2	6	8	9	7	5	3	4

Puzzle #21

1	5	3	7	6	2	9	8	4
8	2	6	9	1	4	5	7	3
7	4	9	5	3	8	6	1	2
4	3	5	1	9	6	8	2	7
9	7	8	4	2	3	1	6	5
6	1	2	8	7	5	4	3	9
5	6	1	2	4	7	3	9	8
2	9	4	3	8	1	7	5	6
3	8	7	6	5	9	2	4	1

Puzzle #22

1	5	9	4	7	8	3	6	2
3	4	6	2	9	1	5	7	8
2	8	7	3	6	5	1	9	4
5	7	4	8	1	9	6	2	3
9	2	1	6	4	3	8	5	7
8	6	3	5	2	7	4	1	9
7	9	8	1	5	4	2	3	6
6	3	5	7	8	2	9	4	1
4	1	2	9	3	6	7	8	5

Puzzle #23

2	5	6	8	3	1	9	7	4
1	3	9	4	6	7	5	8	2
8	7	4	5	9	2	3	1	6
4	6	1	3	2	8	7	5	9
5	8	3	9	7	6	4	2	1
9	2	7	1	4	5	8	6	3
3	1	8	6	5	4	2	9	7
7	9	5	2	1	3	6	4	8
6	4	2	7	8	9	1	3	5

Puzzle #24

3	2	5	8	1	9	4	7	6
8	7	4	6	2	3	5	9	1
1	9	6	5	4	7	2	8	3
5	6	9	7	3	2	8	1	4
7	3	8	1	6	4	9	2	5
4	1	2	9	5	8	3	6	7
9	4	3	2	7	1	6	5	8
6	8	1	4	9	5	7	3	2
2	5	7	3	8	6	1	4	9

Puzzle #25

8	2	9	7	6	4	3	1	5
1	5	7	9	3	8	6	2	4
3	6	4	5	1	2	9	7	8
2	7	1	3	5	9	4	8	6
5	8	3	6	4	1	7	9	2
4	9	6	2	8	7	5	3	1
9	3	5	8	2	6	1	4	7
7	4	8	1	9	5	2	6	3
6	1	2	4	7	3	8	5	9

Puzzle #26

9	6	7	4	5	3	8	2	1
5	8	3	6	1	2	9	4	7
2	1	4	7	9	8	6	3	5
3	2	5	8	6	7	4	1	9
6	4	9	1	2	5	3	7	8
8	7	1	9	3	4	2	5	6
7	5	2	3	8	6	1	9	4
4	9	6	2	7	1	5	8	3
1	3	8	5	4	9	7	6	2

Puzzle #27

3	5	1	2	7	4	8	6	9
4	9	6	1	8	5	3	2	7
2	7	8	9	6	3	1	4	5
6	8	4	7	2	1	9	5	3
9	1	2	3	5	8	6	7	4
5	3	7	6	4	9	2	1	8
8	4	3	5	1	2	7	9	6
1	6	9	4	3	7	5	8	2
7	2	5	8	9	6	4	3	1

Puzzle #28

9	4	6	1	2	7	5	8	3
5	7	8	9	6	3	2	1	4
1	2	3	8	4	5	6	7	9
4	8	1	3	9	6	7	5	2
3	5	2	7	1	8	9	4	6
6	9	7	2	5	4	1	3	8
2	1	4	5	8	9	3	6	7
8	3	9	6	7	1	4	2	5
7	6	5	4	3	2	8	9	1

Puzzle #29

4	2	1	5	8	9	3	7	6
7	5	9	3	1	6	8	2	4
6	3	8	2	7	4	5	1	9
8	9	5	4	2	1	6	3	7
2	4	7	8	6	3	9	5	1
3	1	6	7	9	5	2	4	8
1	7	3	6	5	8	4	9	2
5	6	2	9	4	7	1	8	3
9	8	4	1	3	2	7	6	5

Puzzle #30

2	1	3	8	4	7	6	9	5
8	4	9	5	1	6	7	2	3
7	6	5	9	2	3	8	1	4
3	2	7	6	8	5	9	4	1
6	9	4	2	7	1	5	3	8
1	5	8	4	3	9	2	7	6
5	3	2	7	6	4	1	8	9
9	7	1	3	5	8	4	6	2
4	8	6	1	9	2	3	5	7

Puzzle #31

3	1	8	2	9	4	7	5	6
5	2	4	6	7	3	8	1	9
7	6	9	5	8	1	2	4	3
9	3	7	1	5	2	4	6	8
8	5	2	9	4	6	1	3	7
1	4	6	7	3	8	9	2	5
4	8	5	3	2	9	6	7	1
6	9	3	4	1	7	5	8	2
2	7	1	8	6	5	3	9	4

Puzzle #32

3	1	6	4	2	7	8	9	5
9	2	8	6	3	5	4	1	7
4	5	7	1	9	8	3	6	2
6	9	5	2	7	3	1	4	8
7	8	1	9	4	6	5	2	3
2	3	4	8	5	1	9	7	6
8	7	2	3	1	4	6	5	9
5	4	3	7	6	9	2	8	1
1	6	9	5	8	2	7	3	4

Puzzle #33

8	2	1	4	9	7	6	5	3
9	3	4	1	5	6	8	7	2
7	5	6	3	2	8	1	9	4
5	7	8	6	1	3	2	4	9
2	1	9	5	8	4	7	3	6
6	4	3	9	7	2	5	1	8
4	9	2	7	6	5	3	8	1
3	8	5	2	4	1	9	6	7
1	6	7	8	3	9	4	2	5

Puzzle #34

5	1	4	7	8	9	6	2	3
8	3	6	5	4	2	7	1	9
7	2	9	1	6	3	8	5	4
6	8	2	3	9	5	1	4	7
4	5	1	2	7	8	3	9	6
3	9	7	6	1	4	5	8	2
9	4	3	8	5	7	2	6	1
2	6	8	9	3	1	4	7	5
1	7	5	4	2	6	9	3	8

Puzzle #35

8	7	2	1	3	6	9	5	4
1	9	3	5	7	4	8	6	2
5	4	6	9	2	8	7	3	1
7	6	1	2	5	3	4	8	9
4	2	9	8	6	7	5	1	3
3	5	8	4	1	9	6	2	7
2	8	7	6	4	1	3	9	5
6	1	4	3	9	5	2	7	8
9	3	5	7	8	2	1	4	6

Puzzle #36

6	5	8	7	1	2	4	9	3
1	9	4	8	3	6	2	5	7
7	2	3	5	9	4	8	1	6
2	6	5	4	7	1	3	8	9
8	7	1	9	5	3	6	2	4
3	4	9	6	2	8	5	7	1
4	3	7	2	8	9	1	6	5
9	8	6	1	4	5	7	3	2
5	1	2	3	6	7	9	4	8

Puzzle #37

8	2	1	7	4	9	3	6	5
6	4	3	5	8	1	9	7	2
9	5	7	2	6	3	8	4	1
4	1	5	3	7	8	6	2	9
7	6	2	9	5	4	1	3	8
3	9	8	1	2	6	7	5	4
5	7	9	8	3	2	4	1	6
1	3	4	6	9	5	2	8	7
2	8	6	4	1	7	5	9	3

Puzzle #38

3	6	4	7	5	9	8	1	2
2	7	5	8	4	1	3	6	9
1	9	8	3	2	6	5	4	7
8	4	7	1	3	2	9	5	6
6	5	1	4	9	7	2	8	3
9	2	3	6	8	5	4	7	1
5	1	9	2	6	4	7	3	8
4	3	6	9	7	8	1	2	5
7	8	2	5	1	3	6	9	4

Puzzle #39

2	1	4	3	5	9	8	7	6
9	3	8	2	6	7	4	5	1
5	6	7	8	1	4	9	2	3
4	7	1	9	8	5	6	3	2
8	5	2	6	3	1	7	9	4
3	9	6	7	4	2	1	8	5
6	8	5	1	7	3	2	4	9
1	4	9	5	2	8	3	6	7
7	2	3	4	9	6	5	1	8

Puzzle #40

3	7	5	6	4	8	2	9	1
4	9	8	5	2	1	7	6	3
1	6	2	7	3	9	8	5	4
2	3	6	1	7	5	9	4	8
8	4	9	2	6	3	5	1	7
5	1	7	8	9	4	6	3	2
7	5	3	9	1	2	4	8	6
6	8	1	4	5	7	3	2	9
9	2	4	3	8	6	1	7	5

Puzzle #41

8	1	2	3	9	4	6	7	5
4	5	3	7	1	6	2	8	9
7	6	9	2	8	5	1	3	4
6	7	5	8	2	1	9	4	3
9	3	8	4	6	7	5	2	1
1	2	4	9	5	3	7	6	8
2	4	1	5	7	8	3	9	6
3	9	6	1	4	2	8	5	7
5	8	7	6	3	9	4	1	2

Puzzle #42

7	1	4	3	2	5	8	6	9
5	3	9	1	8	6	7	4	2
8	6	2	9	4	7	1	5	3
3	2	5	8	1	9	6	7	4
1	7	6	4	5	3	9	2	8
9	4	8	6	7	2	3	1	5
2	5	1	7	9	8	4	3	6
4	8	3	2	6	1	5	9	7
6	9	7	5	3	4	2	8	1

Puzzle #43

7	4	6	5	1	9	8	2	3
9	8	5	3	4	2	7	6	1
1	2	3	7	8	6	4	5	9
2	3	7	4	9	1	6	8	5
5	6	8	2	3	7	9	1	4
4	1	9	6	5	8	3	7	2
6	7	4	1	2	3	5	9	8
8	5	1	9	6	4	2	3	7
3	9	2	8	7	5	1	4	6

Puzzle #44

9	8	6	4	7	1	3	2	5
3	4	7	5	8	2	9	6	1
5	2	1	3	9	6	8	7	4
1	3	8	6	2	7	5	4	9
4	7	2	9	5	8	6	1	3
6	9	5	1	3	4	2	8	7
7	6	9	2	4	3	1	5	8
2	5	4	8	1	9	7	3	6
8	1	3	7	6	5	4	9	2

Puzzle #45

7	5	2	6	1	4	9	3	8
9	1	3	7	5	8	2	4	6
6	4	8	9	2	3	7	5	1
1	7	6	3	8	5	4	2	9
5	8	4	2	9	1	6	7	3
3	2	9	4	6	7	8	1	5
2	6	7	5	3	9	1	8	4
8	9	5	1	4	2	3	6	7
4	3	1	8	7	6	5	9	2

Puzzle #46

9	3	6	1	2	7	4	8	5
1	4	5	3	9	8	6	7	2
7	8	2	6	5	4	9	3	1
3	5	7	2	4	1	8	6	9
8	6	4	5	3	9	1	2	7
2	1	9	7	8	6	3	5	4
4	7	3	9	6	2	5	1	8
5	9	1	8	7	3	2	4	6
6	2	8	4	1	5	7	9	3

Puzzle #47

5	1	6	9	3	7	2	8	4
7	2	9	4	8	6	5	3	1
4	8	3	2	5	1	6	7	9
3	9	7	1	2	4	8	5	6
1	4	2	5	6	8	3	9	7
6	5	8	7	9	3	1	4	2
8	7	5	6	4	2	9	1	3
2	3	4	8	1	9	7	6	5
9	6	1	3	7	5	4	2	8

Puzzle #48

1	8	5	6	7	9	3	4	2
6	2	9	4	8	3	5	1	7
7	3	4	5	2	1	6	8	9
9	7	2	3	5	8	4	6	1
8	4	3	1	6	7	9	2	5
5	6	1	9	4	2	8	7	3
2	5	7	8	3	6	1	9	4
4	1	6	2	9	5	7	3	8
3	9	8	7	1	4	2	5	6

Puzzle #49

3	9	6	7	8	1	4	5	2
7	5	2	9	4	3	6	1	8
8	1	4	2	5	6	3	7	9
1	8	5	3	7	2	9	4	6
6	2	3	4	9	5	7	8	1
4	7	9	6	1	8	2	3	5
5	3	7	1	2	9	8	6	4
2	4	8	5	6	7	1	9	3
9	6	1	8	3	4	5	2	7

Puzzle #50

5	8	7	9	2	1	6	4	3
2	6	1	3	4	8	9	7	5
9	3	4	7	5	6	1	2	8
8	7	2	1	9	3	5	6	4
1	9	5	6	7	4	8	3	2
3	4	6	5	8	2	7	9	1
4	1	8	2	6	7	3	5	9
7	5	3	4	1	9	2	8	6
6	2	9	8	3	5	4	1	7

Puzzle #51

5	6	3	1	8	2	7	9	4
7	9	4	5	6	3	8	2	1
1	8	2	7	9	4	6	5	3
8	7	6	9	4	5	1	3	2
9	3	1	6	2	8	5	4	7
2	4	5	3	1	7	9	6	8
6	2	8	4	7	9	3	1	5
3	1	7	2	5	6	4	8	9
4	5	9	8	3	1	2	7	6

Puzzle #52

7	6	1	5	3	9	8	4	2
8	9	3	4	2	6	5	1	7
5	4	2	7	8	1	3	6	9
6	3	9	8	5	4	7	2	1
4	7	8	1	6	2	9	3	5
2	1	5	9	7	3	4	8	6
1	5	6	3	4	7	2	9	8
9	8	4	2	1	5	6	7	3
3	2	7	6	9	8	1	5	4

Puzzle #53

7	5	6	8	1	9	3	2	4
4	9	3	2	6	5	7	1	8
1	8	2	3	4	7	9	6	5
5	4	1	6	3	8	2	7	9
3	7	9	4	5	2	6	8	1
6	2	8	7	9	1	4	5	3
2	3	5	9	8	6	1	4	7
8	6	4	1	7	3	5	9	2
9	1	7	5	2	4	8	3	6

Puzzle #54

5	7	8	4	6	2	9	3	1
3	1	2	7	5	9	6	8	4
9	4	6	3	8	1	2	5	7
7	2	4	5	9	8	1	6	3
8	6	3	1	4	7	5	9	2
1	5	9	6	2	3	4	7	8
2	3	5	8	1	6	7	4	9
4	9	7	2	3	5	8	1	6
6	8	1	9	7	4	3	2	5

Puzzle #55

2	3	1	9	7	5	4	8	6
9	4	6	8	2	3	7	1	5
7	8	5	1	6	4	3	2	9
3	6	4	7	5	1	2	9	8
8	5	2	4	3	9	6	7	1
1	7	9	6	8	2	5	4	3
5	1	7	3	4	8	9	6	2
6	2	8	5	9	7	1	3	4
4	9	3	2	1	6	8	5	7

Puzzle #56

4	3	8	7	6	9	2	1	5
9	6	2	5	1	3	8	7	4
5	7	1	8	2	4	9	6	3
3	1	5	6	9	7	4	2	8
2	8	6	3	4	5	1	9	7
7	4	9	1	8	2	3	5	6
6	9	3	4	7	1	5	8	2
8	2	4	9	5	6	7	3	1
1	5	7	2	3	8	6	4	9

Puzzle #57

5	3	4	2	7	6	1	9	8
8	7	6	1	9	5	2	4	3
1	9	2	8	3	4	6	7	5
3	8	1	7	5	2	9	6	4
4	6	5	9	1	3	8	2	7
9	2	7	4	6	8	3	5	1
6	1	3	5	4	9	7	8	2
2	5	9	3	8	7	4	1	6
7	4	8	6	2	1	5	3	9

Puzzle #58

1	7	4	3	9	6	2	5	8
2	8	5	7	1	4	9	6	3
9	6	3	2	5	8	4	7	1
3	1	6	4	2	7	5	8	9
8	2	9	5	6	1	7	3	4
4	5	7	8	3	9	6	1	2
7	9	2	6	8	3	1	4	5
5	4	8	1	7	2	3	9	6
6	3	1	9	4	5	8	2	7

Puzzle #59

9	3	7	6	2	1	5	4	8
4	8	1	3	9	5	2	6	7
5	6	2	7	4	8	1	3	9
3	2	4	1	8	6	7	9	5
7	9	5	2	3	4	8	1	6
8	1	6	9	5	7	4	2	3
2	4	8	5	6	3	9	7	1
6	7	9	8	1	2	3	5	4
1	5	3	4	7	9	6	8	2

Puzzle #60

7	8	2	1	6	5	3	9	4
3	4	5	7	9	2	1	6	8
9	1	6	8	3	4	7	2	5
6	2	3	5	7	9	8	4	1
4	7	1	6	8	3	2	5	9
5	9	8	4	2	1	6	7	3
2	5	7	9	1	8	4	3	6
1	3	4	2	5	6	9	8	7
8	6	9	3	4	7	5	1	2

Puzzle #61

8	1	7	9	4	5	6	2	3
2	3	6	7	1	8	4	9	5
9	5	4	2	3	6	8	1	7
7	9	3	5	8	4	2	6	1
5	6	8	1	2	3	7	4	9
1	4	2	6	7	9	5	3	8
4	2	5	3	9	7	1	8	6
6	8	9	4	5	1	3	7	2
3	7	1	8	6	2	9	5	4

Puzzle #62

1	5	2	9	6	7	8	3	4
4	6	8	5	2	3	1	7	9
7	3	9	4	8	1	6	2	5
9	1	7	2	3	5	4	8	6
6	8	3	7	9	4	2	5	1
2	4	5	8	1	6	7	9	3
3	9	4	6	7	2	5	1	8
8	7	6	1	5	9	3	4	2
5	2	1	3	4	8	9	6	7

Puzzle #63

9	1	7	2	6	4	8	3	5
4	2	6	3	8	5	7	9	1
8	3	5	9	7	1	4	2	6
5	8	1	7	9	6	2	4	3
3	7	4	1	5	2	9	6	8
2	6	9	8	4	3	5	1	7
1	5	3	4	2	7	6	8	9
6	4	8	5	3	9	1	7	2
7	9	2	6	1	8	3	5	4

Puzzle #64

6	7	3	8	9	4	1	2	5
1	4	9	2	5	6	8	7	3
5	2	8	7	1	3	6	9	4
9	6	4	5	7	2	3	8	1
3	8	2	9	4	1	7	5	6
7	5	1	3	6	8	2	4	9
8	3	5	6	2	9	4	1	7
4	9	6	1	8	7	5	3	2
2	1	7	4	3	5	9	6	8

Puzzle #65

3	5	2	4	1	6	8	7	9
7	9	4	8	2	3	1	5	6
1	8	6	5	9	7	4	3	2
4	2	7	9	6	1	5	8	3
5	6	1	7	3	8	9	2	4
8	3	9	2	4	5	6	1	7
9	1	5	3	7	4	2	6	8
6	4	3	1	8	2	7	9	5
2	7	8	6	5	9	3	4	1

Puzzle #66

4	5	1	7	6	9	8	3	2
6	2	9	8	5	3	4	7	1
7	8	3	2	4	1	6	5	9
1	6	2	3	8	7	5	9	4
5	9	8	4	1	2	7	6	3
3	7	4	5	9	6	1	2	8
8	4	6	9	2	5	3	1	7
2	3	5	1	7	8	9	4	6
9	1	7	6	3	4	2	8	5

Puzzle #67

2	4	8	9	5	3	1	7	6
9	5	6	2	1	7	8	4	3
1	7	3	8	6	4	5	9	2
8	9	7	6	4	1	2	3	5
3	2	1	7	8	5	9	6	4
5	6	4	3	2	9	7	8	1
7	1	2	4	3	8	6	5	9
4	8	5	1	9	6	3	2	7
6	3	9	5	7	2	4	1	8

Puzzle #68

9	8	7	5	2	1	3	6	4
3	5	4	6	7	8	1	2	9
1	2	6	4	9	3	7	8	5
4	1	8	2	6	5	9	3	7
7	3	2	1	8	9	4	5	6
6	9	5	7	3	4	2	1	8
2	4	1	9	5	6	8	7	3
8	6	9	3	1	7	5	4	2
5	7	3	8	4	2	6	9	1

Puzzle #69

4	3	7	9	6	1	2	8	5
9	8	2	5	4	7	6	3	1
5	6	1	2	3	8	9	4	7
6	1	4	3	8	5	7	9	2
2	5	3	7	9	4	8	1	6
7	9	8	6	1	2	3	5	4
8	2	5	1	7	9	4	6	3
1	4	6	8	2	3	5	7	9
3	7	9	4	5	6	1	2	8

Puzzle #70

4	5	7	1	3	8	6	2	9
2	6	9	5	4	7	8	3	1
1	8	3	2	6	9	7	5	4
8	2	5	9	7	4	1	6	3
6	3	4	8	2	1	5	9	7
9	7	1	3	5	6	2	4	8
7	4	8	6	9	5	3	1	2
5	1	2	4	8	3	9	7	6
3	9	6	7	1	2	4	8	5

Puzzle #71

6	2	9	4	1	3	5	8	7
3	1	5	8	6	7	4	2	9
8	4	7	9	2	5	6	3	1
9	3	1	6	4	8	7	5	2
7	8	6	2	5	1	9	4	3
2	5	4	7	3	9	1	6	8
5	9	2	3	7	4	8	1	6
1	7	3	5	8	6	2	9	4
4	6	8	1	9	2	3	7	5

Puzzle #72

2	9	6	3	5	8	4	1	7
7	8	1	9	6	4	3	2	5
5	3	4	1	2	7	8	6	9
9	4	5	8	7	2	1	3	6
1	6	7	4	9	3	2	5	8
3	2	8	6	1	5	9	7	4
4	5	2	7	8	1	6	9	3
8	7	9	2	3	6	5	4	1
6	1	3	5	4	9	7	8	2

Puzzle #73

7	3	6	9	4	5	2	1	8
5	9	2	1	3	8	7	6	4
1	4	8	2	7	6	9	3	5
9	8	5	4	2	1	3	7	6
2	6	3	8	5	7	1	4	9
4	1	7	6	9	3	5	8	2
8	7	9	3	6	2	4	5	1
6	5	4	7	1	9	8	2	3
3	2	1	5	8	4	6	9	7

Puzzle #74

1	3	5	6	8	7	2	9	4
8	7	9	3	4	2	1	6	5
2	6	4	5	1	9	8	3	7
9	2	3	7	6	5	4	8	1
7	8	6	4	2	1	9	5	3
4	5	1	8	9	3	7	2	6
6	1	8	9	3	4	5	7	2
3	4	7	2	5	8	6	1	9
5	9	2	1	7	6	3	4	8

Puzzle #75

1	2	7	3	9	5	6	8	4
3	5	4	8	7	6	1	9	2
9	8	6	1	2	4	7	3	5
7	6	1	4	3	9	2	5	8
8	9	2	5	1	7	3	4	6
5	4	3	6	8	2	9	7	1
2	3	8	9	4	1	5	6	7
6	1	9	7	5	8	4	2	3
4	7	5	2	6	3	8	1	9

Puzzle #76

2	3	7	4	6	9	1	8	5
6	8	9	2	1	5	3	7	4
1	5	4	3	7	8	9	2	6
5	4	8	1	9	2	6	3	7
7	6	3	8	5	4	2	1	9
9	1	2	7	3	6	4	5	8
4	9	1	5	2	7	8	6	3
3	7	6	9	8	1	5	4	2
8	2	5	6	4	3	7	9	1

Puzzle #77

1	5	3	2	7	9	4	6	8
6	9	4	8	1	5	7	3	2
8	7	2	6	4	3	5	9	1
2	8	5	7	9	6	1	4	3
3	1	7	5	2	4	6	8	9
4	6	9	1	3	8	2	7	5
9	2	6	3	5	7	8	1	4
7	4	1	9	8	2	3	5	6
5	3	8	4	6	1	9	2	7

Puzzle #78

4	5	8	2	3	6	9	1	7
7	2	3	9	1	5	4	8	6
9	1	6	7	4	8	2	5	3
8	9	5	4	7	2	3	6	1
2	3	7	6	8	1	5	4	9
6	4	1	5	9	3	8	7	2
1	6	9	3	5	4	7	2	8
3	8	4	1	2	7	6	9	5
5	7	2	8	6	9	1	3	4

Puzzle #79

9	4	8	3	5	2	1	6	7
5	6	3	8	7	1	2	9	4
7	2	1	9	4	6	8	5	3
4	9	7	1	8	3	5	2	6
1	5	2	4	6	9	3	7	8
3	8	6	5	2	7	4	1	9
6	3	9	2	1	8	7	4	5
2	7	4	6	3	5	9	8	1
8	1	5	7	9	4	6	3	2

Puzzle #80

6	5	1	8	7	2	3	4	9
9	2	8	4	6	3	5	7	1
3	7	4	5	9	1	6	2	8
2	8	3	9	1	5	7	6	4
1	6	5	3	4	7	9	8	2
7	4	9	6	2	8	1	3	5
4	1	2	7	3	9	8	5	6
5	3	6	1	8	4	2	9	7
8	9	7	2	5	6	4	1	3

Puzzle #81

9	1	8	4	3	2	7	6	5
6	2	4	9	7	5	8	1	3
7	5	3	1	8	6	9	2	4
3	9	5	2	4	8	1	7	6
4	8	6	7	1	3	5	9	2
2	7	1	6	5	9	4	3	8
8	6	7	5	2	1	3	4	9
5	4	9	3	6	7	2	8	1
1	3	2	8	9	4	6	5	7

Puzzle #82

5	7	8	4	9	2	1	6	3
1	2	6	8	7	3	5	9	4
3	4	9	5	6	1	7	2	8
2	5	1	3	4	7	9	8	6
9	6	4	1	8	5	2	3	7
8	3	7	6	2	9	4	1	5
7	9	5	2	3	6	8	4	1
6	8	2	7	1	4	3	5	9
4	1	3	9	5	8	6	7	2

Puzzle #83

7	3	5	9	4	6	1	2	8
6	1	4	2	8	3	9	7	5
9	8	2	7	1	5	3	6	4
8	4	6	1	5	9	7	3	2
2	9	1	3	7	4	5	8	6
5	7	3	6	2	8	4	9	1
4	6	9	5	3	2	8	1	7
3	5	7	8	6	1	2	4	9
1	2	8	4	9	7	6	5	3

Puzzle #84

4	6	5	2	8	3	1	7	9
9	8	3	6	1	7	5	4	2
1	7	2	4	9	5	6	3	8
2	3	8	9	7	1	4	5	6
5	1	7	8	6	4	2	9	3
6	4	9	5	3	2	7	8	1
7	2	6	3	5	8	9	1	4
8	5	4	1	2	9	3	6	7
3	9	1	7	4	6	8	2	5

Puzzle #85

8	2	6	3	9	1	5	4	7
3	9	5	8	7	4	1	2	6
7	4	1	5	2	6	9	8	3
1	3	2	6	8	7	4	5	9
6	8	9	2	4	5	7	3	1
4	5	7	9	1	3	2	6	8
9	7	8	4	6	2	3	1	5
5	6	4	1	3	9	8	7	2
2	1	3	7	5	8	6	9	4

Puzzle #86

1	5	8	3	4	2	9	6	7
3	9	6	8	7	1	5	4	2
7	4	2	9	6	5	1	8	3
8	2	1	6	9	4	7	3	5
9	6	3	1	5	7	4	2	8
4	7	5	2	3	8	6	9	1
6	3	7	5	2	9	8	1	4
2	8	4	7	1	6	3	5	9
5	1	9	4	8	3	2	7	6

Puzzle #87

1	2	3	8	7	4	9	6	5
8	7	9	1	5	6	3	4	2
4	6	5	2	9	3	8	1	7
5	8	1	9	3	7	6	2	4
6	3	4	5	8	2	1	7	9
2	9	7	4	6	1	5	8	3
7	5	8	6	2	9	4	3	1
9	1	2	3	4	8	7	5	6
3	4	6	7	1	5	2	9	8

Puzzle #88

3	1	9	7	8	5	4	2	6
7	4	8	9	2	6	5	1	3
5	6	2	3	4	1	9	7	8
8	7	4	2	5	3	6	9	1
1	3	5	6	9	4	2	8	7
9	2	6	8	1	7	3	5	4
4	5	3	1	7	2	8	6	9
2	9	7	4	6	8	1	3	5
6	8	1	5	3	9	7	4	2

Puzzle #89

9	8	3	6	5	2	7	4	1
6	7	4	9	3	1	5	2	8
5	2	1	4	8	7	3	9	6
8	1	5	3	2	4	6	7	9
4	6	9	8	7	5	1	3	2
7	3	2	1	6	9	4	8	5
1	5	8	7	9	3	2	6	4
3	4	6	2	1	8	9	5	7
2	9	7	5	4	6	8	1	3

Puzzle #90

9	3	8	5	1	2	4	6	7
4	2	7	6	9	3	5	8	1
5	1	6	7	8	4	3	2	9
6	8	1	3	7	9	2	4	5
3	5	4	2	6	1	7	9	8
2	7	9	4	5	8	1	3	6
1	6	2	9	3	7	8	5	4
7	4	5	8	2	6	9	1	3
8	9	3	1	4	5	6	7	2

Puzzle #91

3	8	2	9	5	4	7	1	6
5	7	4	6	3	1	9	2	8
9	1	6	8	7	2	3	5	4
1	9	3	2	8	5	4	6	7
4	5	7	1	6	9	8	3	2
6	2	8	7	4	3	1	9	5
7	3	9	5	2	8	6	4	1
2	6	1	4	9	7	5	8	3
8	4	5	3	1	6	2	7	9

Puzzle #92

2	4	5	3	8	7	9	1	6
8	6	9	5	2	1	7	3	4
3	7	1	9	4	6	2	8	5
9	2	8	4	6	3	1	5	7
4	1	3	2	7	5	8	6	9
7	5	6	8	1	9	4	2	3
6	9	2	7	5	8	3	4	1
1	3	4	6	9	2	5	7	8
5	8	7	1	3	4	6	9	2

Puzzle #93

8	6	5	3	4	1	7	9	2
2	1	3	7	9	8	5	6	4
9	7	4	6	2	5	1	8	3
4	2	9	1	7	6	8	3	5
6	8	7	4	5	3	2	1	9
5	3	1	9	8	2	4	7	6
7	4	8	2	3	9	6	5	1
3	5	6	8	1	4	9	2	7
1	9	2	5	6	7	3	4	8

Puzzle #94

5	9	3	7	8	6	4	2	1
4	6	2	1	5	9	8	7	3
1	8	7	3	2	4	6	9	5
2	7	6	5	4	8	1	3	9
3	4	1	6	9	7	2	5	8
9	5	8	2	1	3	7	6	4
7	3	4	8	6	5	9	1	2
6	1	9	4	3	2	5	8	7
8	2	5	9	7	1	3	4	6

Puzzle #95

9	6	3	5	1	4	7	2	8
8	1	7	2	3	9	4	5	6
2	4	5	7	6	8	9	1	3
7	5	9	6	4	2	8	3	1
4	3	6	8	9	1	5	7	2
1	2	8	3	5	7	6	4	9
5	7	1	9	2	6	3	8	4
6	8	2	4	7	3	1	9	5
3	9	4	1	8	5	2	6	7

Puzzle #96

9	2	4	3	5	1	8	7	6
5	3	8	7	9	6	1	2	4
6	7	1	8	2	4	5	3	9
4	6	7	1	8	5	3	9	2
1	9	5	2	6	3	4	8	7
3	8	2	4	7	9	6	1	5
8	1	6	9	4	2	7	5	3
2	5	3	6	1	7	9	4	8
7	4	9	5	3	8	2	6	1

Puzzle #97

5	7	4	3	6	2	8	1	9
9	3	8	7	1	4	6	5	2
2	6	1	9	8	5	7	4	3
3	8	9	5	2	1	4	7	6
7	2	6	8	4	9	5	3	1
4	1	5	6	3	7	9	2	8
6	5	2	1	7	8	3	9	4
1	9	3	4	5	6	2	8	7
8	4	7	2	9	3	1	6	5

Puzzle #98

6	7	5	3	1	9	2	4	8
2	8	4	5	6	7	1	9	3
1	9	3	4	8	2	6	5	7
4	3	6	1	9	8	7	2	5
9	5	1	7	2	3	4	8	6
8	2	7	6	5	4	9	3	1
5	6	9	2	3	1	8	7	4
7	1	2	8	4	5	3	6	9
3	4	8	9	7	6	5	1	2

Puzzle #99

3	4	6	1	7	8	5	9	2
8	5	2	6	3	9	7	1	4
9	1	7	2	5	4	6	8	3
5	2	8	9	6	1	3	4	7
7	9	4	3	8	5	1	2	6
1	6	3	4	2	7	8	5	9
2	3	5	8	4	6	9	7	1
4	8	1	7	9	3	2	6	5
6	7	9	5	1	2	4	3	8

Puzzle #100

9	1	7	4	5	3	6	2	8
3	8	2	1	9	6	4	7	5
5	4	6	2	8	7	1	9	3
7	3	8	9	1	5	2	6	4
1	2	4	6	3	8	9	5	7
6	9	5	7	4	2	3	8	1
8	6	3	5	2	1	7	4	9
4	7	1	8	6	9	5	3	2
2	5	9	3	7	4	8	1	6

www.ingramcontent.com/pod-product-compliance
Lightning Source LLC
Chambersburg PA
CBHW080548220526
45466CB00010B/3073